# 香港老店
## 圖解小百科

鄧子健　圖/文

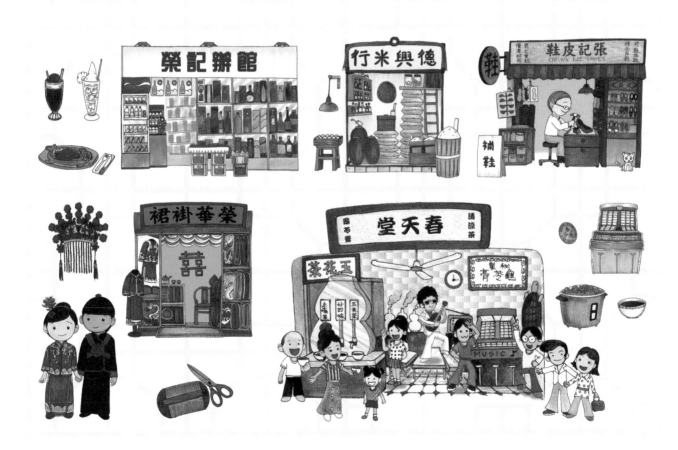

新雅文化事業有限公司
www.sunya.com.hk

認識香港系列
# 香港老店圖解小百科

圖　　文：鄧子健
策　　劃：尹惠玲
責任編輯：甄艷慈　周詩韵　陳奕祺
美術設計：李成宇　郭中文
封面設計：郭中文
出　　版：新雅文化事業有限公司
　　　　　香港英皇道499號北角工業大廈18樓
　　　　　電話：（852）2138 7998
　　　　　傳真：（852）2597 4003
　　　　　網址：http://www.sunya.com.hk
　　　　　電郵：marketing@sunya.com.hk
發　　行：香港聯合書刊物流有限公司
　　　　　香港荃灣德士古道220-248號荃灣工業中心16樓
　　　　　電話：（852）2150 2100
　　　　　傳真：（852）2407 3062
　　　　　電郵：info@suplogistics.com.hk
印　　刷：中華商務彩色印刷有限公司
　　　　　香港新界大埔汀麗路36號
版　　次：二〇二四年三月初版
　　　　　二〇二四年九月第二次印刷

ISBN: 978-962-08-8352-1
© 2016, 2024 Sun Ya Publications (HK) Ltd.
18/F, North Point Industrial Building, 499 King' s Road, Hong Kong
Published in Hong Kong SAR, China
Printed in China

# 目錄

　　小朋友，現今香港大型商場和百貨公司林立，供應市民各種生活用品和娛樂需要，人們還可以選擇網上購物，以足不出戶的方式消費。但是，你知道嗎，在上世紀（即是二十世紀）八十年代之前，卻是由大大小小的店鋪為市民提供日常生活所需。這些店鋪包括：售賣生活雜貨的辦館、供應民生服務的補衣鋪和擦鞋擋、銷售及租賃喜慶婚嫁禮服的裙褂店，以及提供娛樂消閒和地道美食的涼茶鋪、蛇鋪等等。這些老店雖然空間細小，也沒有華麗、時尚的裝潢，然而它們卻承載着香港的文化和記憶，見證香港經濟民生的發展，甚至記載了好幾代人的故事。

　　本書將由大頭佛、獅子頭、鄧伯和小嵐為你做導遊，帶你穿越時空走進二十世紀八十年代之前的香港大街小巷，走訪15間傳統的老店。當你再回到現代時，請你記得看看今日的同類店鋪是什麼模樣，想想它們帶給你什麼感悟吧！

**為了讓你更深入認識這些老店，本書還提供以下精彩內容：**

**老店手工紙**

　　看完故事後，你可以上網下載及列印老店手作配件，發揮創意，「建設」你理想的「商業街」。（製作立體店鋪的說明請見第88頁）

**傳統技藝短片**

　　傳統老店的師傅身懷技藝，請你用手機或平板電腦掃描下面的二維碼，觀看短片，認識傳統手藝，擴闊對老行業的了解。

沖奶茶　　　手紮燈籠

縫補衣服　　擦鞋

**大頭佛**

天生好奇，喜歡發問。以前曾和獅子頭遊訪香港，認識了鄧伯和小嵐。此次他和大家一起走到大街小巷，認識香港傳統店鋪。

**獅子頭**

聰明的獅子頭對香港懷舊事物有濃厚興趣，此次他和大頭佛帶領大家走到大街小巷，認識香港傳統店鋪。

**鄧伯**

在香港土生土長，熟悉香港懷舊事物，他將向大家介紹香港各種傳統店鋪。

**小嵐**

鄧伯的孫女，對任何事物都感好奇，和大頭佛、獅子頭是好朋友。

這一天，大頭佛和獅子頭來到元朗探望鄧伯和小嵐。

我和爺爺在看他以前拍攝的街景照片。

這些照片很珍貴，因為很多店鋪現在都已經沒有了。有的雖然仍然存在，但樣式已改變了。如果可以再回到過去看看就好了。

回到過去？我也想去看看呀！但怎樣才可以做到呢？

我有一個辦法，我們可以坐時光機回到過去！

啊！時光機？

# 裙褂店

獅子頭，考考你，這是什麼禮服？

我不知道哦。這是叫中式婚紗嗎？

你說對了，不過它們不叫婚紗，而是叫裙褂和長衫，它們是中國人結婚時穿着的傳統服飾。二十世紀六、七十年代是龍鳳裙褂業最興盛的時期，當時旺角上海街、中環擺花街，以及灣仔軒尼詩道都是裙褂店的集中地。

女士穿的裙褂大部分是大紅色，上面刺繡的「龍鳳呈祥」圖案，除了寓意「吉祥」之外，還取其諧音「情長」的意頭。

裙褂

長衫

男士穿的長衫大部分是黑色，上面有龍鳳紋的刺繡或吉祥圖案。胸前會繫上一條紅色帶和繡球，含有「百子千孫」的意思，因此這條彩帶又叫「子孫帶」。

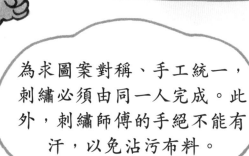

裙褂製作是一門藝術，由專人度身訂做，從畫稿至完成製作需要三百多道工序，全部用人手製作。製作時間按裙褂圖案的複雜情況而定，一般需時兩個月至一年。

為求圖案對稱、手工統一，刺繡必須由同一人完成。此外，刺繡師傅的手絕不能有汗，以免沾污布料。

哇，難度很高啊！

在古代，裙褂是很矜貴的。只有大戶人家*的女兒，或是正室元配*才有資格穿裙褂，一般的平民百姓只能穿粗衣麻布。到了現代，裙褂變成是一種傳統的嫁娶服飾。

＊大戶人家：指家境富裕、社會地位高的人。
＊正室元配：古時候的中國家庭是一夫多妻制，正室元配是妻子中地位最高的，俗稱「大老婆」。

裙褂的製作工序繁複，收費也非常昂貴，所以店鋪設有租借服務。下面有一些中式婚禮用品，你們也認識一下吧！

中式婚禮儀式用品：

頭冠　　　龍鳳被　　　出門用的紅雨傘

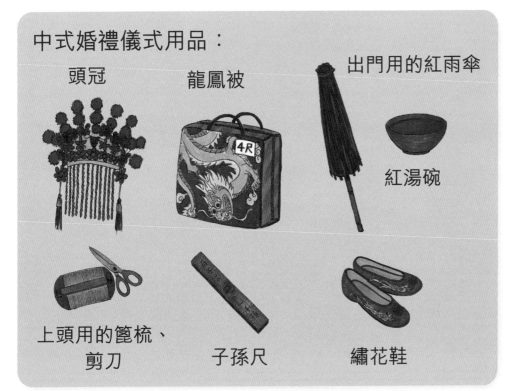

紅湯碗

上頭用的篦梳、剪刀　　　子孫尺　　　繡花鞋

## 今時今日
### 租用裙褂

進行接新娘儀式時，不少新娘仍會穿着裙褂。到了婚宴當天，新娘除了穿着裙褂，還會換上多套婚紗。不過，現在人們為了節省金錢和時間，大多會選擇租借裙褂或婚紗，越來越少顧客會購買度身訂做的裙掛了。

洋服店

這間店鋪有很多西裝呀！

這間是洋服店。

歡迎光臨，我們每套西裝都是度身訂做的。

我年輕時很喜歡到洋服店做恤衫和西裝，度身訂做比買現成的會更合身。

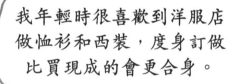

客人可以選擇喜歡的布料，然後我們替客人度身。

我們需要量度客人的袖口、領口、腰圍、胸圍及肩圍等闊度，以及身體、手臂和腿部的長度。

肩圍

領口

胸圍

腰圍

袖口

腿圍

褲長

然後把布料剪裁，再用衣車縫製。

這個職業叫裁縫。

這裏除了有西裝訂做外，還有呔夾、袖口鈕、皮帶和領呔等其他配襯品。

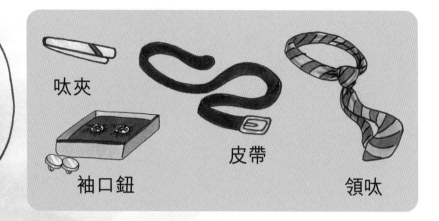

呔夾

袖口鈕

皮帶

領呔

要多長時間才能做好一套西裝呢？

由於手工繁複，客人訂做一套西裝需要幾個星期才能做好。

雖然現在洋服店的數量減少了，但還有一部分存在，因為很多客人對西裝的剪裁仍然要求很高。結婚要訂做禮服的新郎，也是主要顧客之一。

## 今時今日
### 當洋服不再需要「度身訂做」……

洋服的精神在於「度身訂做」，而隨着消費模式轉變，網購大行其道，人們足不出戶便可購買衣物。加上網店的衣服售價通常較為便宜，一般人已越來越少會花時間和金錢訂做一套洋服了。不過，不少本地甚至海內外的名人巨星仍然會特別到洋服店度身訂做專屬於自己的衣服。

涼茶鋪

這間是什麼店呢？
好熱鬧啊！

這間是涼茶鋪，
在現代也有的。

對，不過以前的涼茶鋪和現代的有很大分別。

二十世紀六十至七十年代，香港的涼茶鋪每間都會有一部點唱機，只要顧客投入一枚硬幣，便能點播流行歌曲。那年代，涼茶鋪是年輕人最時髦的聚會地點呢！

我明白了，當時唱片的價格不是一般市民可以負擔的，唱機也不普及，所以很多人都到涼茶鋪聽歌了。

嘻嘻，我也知道，當時很多家庭還沒有電視機，所以涼茶鋪也成為大家看電視的地方。

好口渴啊！我很想喝杯涼茶，有哪些涼茶可供選擇呢？

涼茶的種類很多，例如有五花茶、廿四味、銀菊露、雞骨草、竹蔗茅根和火麻仁等。除涼茶之外，涼茶鋪還有茶葉蛋、糕點、糖水和豆腐花等售賣。

茶葉蛋

涼茶

豆腐花

糕點

## 今時今日

### 當涼茶鋪不再是社交聚會場所……

現在的涼茶鋪不再具有以往那種消閒、社交的性質，而年輕人也甚少以涼茶鋪為聚腳點。不過，涼茶鋪還是很容易找到。就算找不到涼茶鋪，在便利店或超級市場也可以買到樽裝的涼茶，隨時隨地可以喝涼茶清熱解毒。

冰室

新新冰室

這裏有間茶餐廳呀！不如我們入去吃點東西吧。

招牌寫着是冰室，它與茶餐廳有什麼分別呢？

冰室可以說是茶餐廳的原型，冰室除了有刨冰外，只賣小食而不賣飯餐。

現在的茶餐廳會有碟頭飯或是鐵板扒餐等。

碟頭飯

鐵板扒餐

幾位想吃什麼？先來杯冰嗎？我們有黑牛、白牛、椰汁冰、紅豆冰、菠蘿冰、什果冰、鴛鴦冰和蓮子冰。

黑牛　　　白牛　　　椰汁冰　　紅豆冰
(可樂加朱古力雪糕) (七喜加雲尼拿雪糕)

我們還提供熱飲，包括檸檬茶、咖啡、奶茶、鴛鴦，以及滾水蛋。

檸檬茶　　　咖啡

奶茶　　　　鴛鴦

菠蘿冰　什果冰　鴛鴦冰　蓮子冰

滾水蛋是什麼？

是在一杯熱水中，加入一隻生雞蛋，然後攪拌蛋液令它熱熟變成白色的蛋花，現在已經很少茶餐廳有這種飲品了。

那麼有什麼東西吃呢？

有西多士、奄列、公司三文治、腿蛋治、熱狗、奶油豬、奶油多、占醬多、炸雞脾、公仔麵、菠蘿油和蛋撻等。

 西多士

 奄列

公司三文治

 腿蛋治

 熱狗

奶油豬　　　奶油多

占醬多

炸雞脾

公仔麵

     菠蘿油　　蛋撻

很多美食呀！全部給我拿來吧！

呀！不是吧？

現在的冰室因為要加強與連鎖快餐店的競爭力，已經改為茶餐廳的經營模式了，既有多士一類，也有麵食供應，食物多元化。有着傳統裝潢的冰室已越來越少，不過人們對冰室美食的喜愛程度，多年來熱度不減，甚至吸引中外遊客前來品嘗一番呢！

冰室是最早有送外賣服務的食肆。櫃面職員接到電話後，廚師便會製作食物，外賣員提着食物出發，把食物送到客人的住所，十分方便。

蛇鋪

鄧王蛇

蛇羹美    糯米飯

咦，這間店的門口有很多蛇呀！是寵物店嗎？

不是，它是一間吃蛇羹和蛇膽的食店。

28

大頭佛、小嵐，千萬不要碰到那些木櫃桶，裏面裝滿毒蛇的。

啊，為什麼會有人吃毒蛇？

因為人們認為，吃蛇肉對人體有很多好處，所以有不少人愛吃蛇羹。

毒蛇

劏蛇有危險嗎？

只要劏宰時不碰到毒蛇牙齒附近顎腔內的毒素腺，便安全了。

腦

毒牙

除了蛇肉外，有些人還會吃蛇膽。蛇膽是蛇體內貯存膽汁的膽囊，有清熱解毒、祛風祛濕、明目清心等藥效。

毒素腺

蛇膽

不過，蛇膽看起來有點怪怪的啊！

老闆，請問五蛇羹裏的五蛇是指哪五種蛇呢？

五蛇是指飯鏟頭、金腳帶、過樹榕、銀腳帶和三線索。

金腳帶
學名「金環蛇」

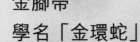

飯鏟頭
學名「中華眼鏡蛇」

銀腳帶
學名「銀環蛇」

三線索
學名「三線水蛇」

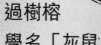

過樹榕
學名「灰鼠蛇」

蛇羹是怎樣烹調的？

蛇羹的烹調方法是先把蛇去骨撕成肉絲，加入生薑、陳皮、龍眼肉、竹蔗、紹酒等配料煨熟，最後以馬蹄粉調芡。

蛇羹有行氣活血的作用，在冬天的時候特別受歡迎。

蛇羹的配料：

 生薑

 紹酒

 竹蔗

 陳皮

 龍眼乾

 馬蹄粉

大頭佛，你知道嗎？人們吃蛇羹時通常會配上用麵粉和糯米粉製成的薄脆片，薄脆片浸在熱乎乎的蛇羹裏，慢慢變軟，很好吃哦！

咦，櫃裏這隻四腳爬爬的是什麼來？

這是蛤蚧，用來煲蛤蚧湯的。

捉蛇的人叫「蛇王」。要經過特別的捉蛇訓練才可以成為蛇王的,這種技能大多數是代代相傳,而且是從小時候便已開始訓練的。

如果我們在城中發現有蛇出沒,必須報警,警察會通知蛇王來捉蛇。很多蛇都有劇毒,千萬不要自己去捉。

蛇王

## 今時今日
## 吃蛇羹的人越來越少……

自上世紀九十年代開始,蛇店的數目不斷銳減。主要是因為年輕人不願意入行;人們的飲食習慣改變,越來越少人吃蛇;加上中國內地把蛇列入為野味,全面禁食,令經營蛇鋪更困難。不過,現在每逢秋冬季節,香港也有不少酒樓提供蛇羹宴,食客可以品嘗這種美食。

雨傘店

34

這間雨傘店有很多不同款式的雨傘啊！

歡迎光臨。我們店的雨傘全部都是由人手製造的。

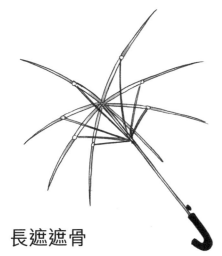

長遮遮骨

縮骨遮遮骨

製成品

以前的雨傘，都是由雨傘店的職員從裁布、縫線、造遮骨\*及生產等工序一手包辦而製造出來的，每一把都是藝術品。現在的雨傘絕大部分已經轉由機器製造了。

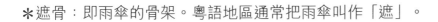

\*遮骨：即雨傘的骨架。粵語地區通常把雨傘叫作「遮」。

雨傘的種類大致上可分為下面三種：
- 長遮：一般人士使用。
- 縮骨遮：在二十世紀四、五十年代，縮骨遮只是有錢人才可擁有呢！現在則是所有人都可擁有了。
- 拐杖遮：行動不便人士和老人家使用。

長遮

縮骨遮

拐杖遮

我們店的雨傘，它的遮骨是用鋼製造的，比用纖維造的遮骨更加耐用，而且是永久保用的，當你們用壞了的時候可以拿回來維修。

嘻嘻，我要買這一把油紙遮，它的花紋與我很合襯。

## 今時今日
### 當雨傘不再需要修補⋯⋯

傳統的雨傘店不僅銷售手製的雨傘，還可以修補雨傘。以往由人手製造的雨傘，要花數小時才完成，一把雨傘顯得特別珍貴，價錢亦不菲。現在，雨傘由機器製造，售價大幅下降，如果破損了，人們已甚少把雨傘拿去維修，而是買一把全新的了。

# 鐵器鋪

啊！他們在做什麼呢？這裏好像一個工場呀！

這間是鐵器鋪，專門幫人製造、修理鐵閘或出售鐵製品的。這些店鋪以前大多集中在九龍大角咀一帶地方。

以前和現在一樣，每間店鋪或住宅單位門口都會裝有鐵閘，所以幾乎每一個地區最少都會有一間鐵器鋪。

鐵閘一般都有通花作為裝飾，以前的師父會用人手鑿通花，而且還會按客人的要求把店鋪名字鑿上，造成一個空心字。

用來做簷篷的鋅鐵片

除了鐵閘外，他們還會製造運輸用的手推車、器皿等鐵器。

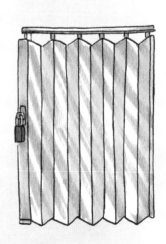

摺閘是鐵閘的其中一種

手推車

鐵器皿

信箱

工人先把一塊塊切開的鋅鐵板屈曲成所需的形狀，然後再用燒焊機把鐵板焊接和組裝。大部分的鐵器都是這樣製成的。

鐵器是怎樣製成的呢？

## 今時今日
### 當人們不再需要經常打鐵⋯⋯

香港的鐵器行業已日漸式微，因為現在大部分鐵閘都是在中國內地用機器生產後，再運到香港，人手造的鐵閘已經很少有了。其實，不僅鐵器行業，自上世紀七十年代以後，隨着本地工資水平升高、土地成本上漲等問題，香港的工廠已遷移至內地，本地的製造業便日漸凋零。

辦館

榮記辦館

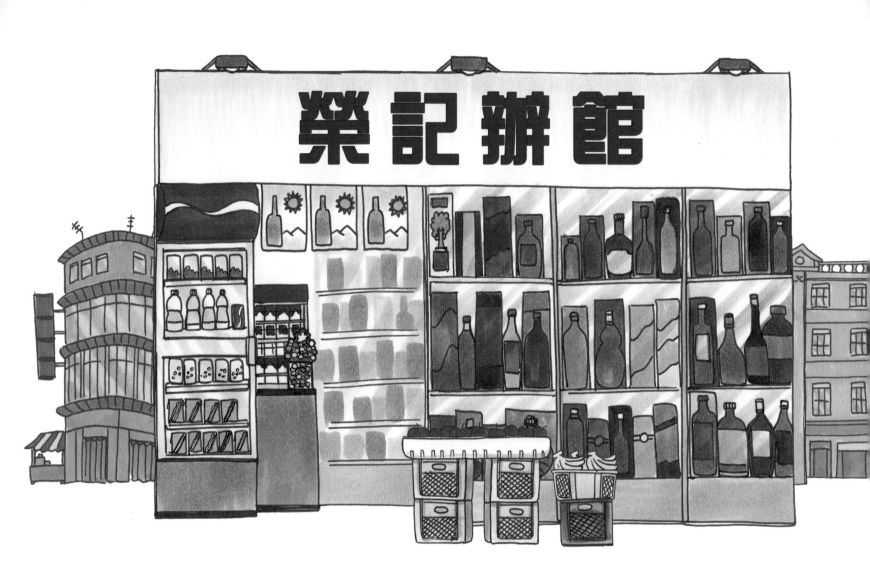

獅子頭，不如我們去士多買汽水飲吧！

大頭佛，這間不是士多，是辦館。

辦館和士多有什麼不同呢？

辦館比士多大型很多，除了有汽水、糖果，主要是售賣洋酒和香煙，甚至雪茄。一些生活日用品，例如米、油、鹽、糖、水果、糖果、汽水、紙巾、雪條、雪糕等都是貨品之一。而士多則沒有洋酒，但會有報紙和雜誌出售。

汽水零食

煙酒

水果

生活用品

雪糕、雪條

辦館其實就是早期的超級市場。

你們好，我是這間辦館的老闆。香港開埠初期辦館全部由外國人經營，大部分在中環、上環一帶，主要售賣歐美貨品，例如煙酒及罐頭。顧客多數是居港的外國家庭和往來香港的遠洋郵輪公幹人士。

後來漸漸改由本地人開業，顧客對象轉成街坊。除了零售外，我們兼做批發，很多士多和雜貨店都會向我們取貨。

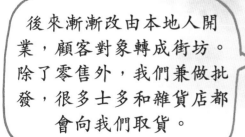

43

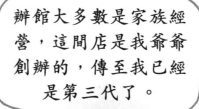
辦館大多數是家族經營，這間店是我爺爺創辦的，傳至我已經是第三代了。

以前很多店鋪都是由一家人去經營的，很多還會「前鋪後居」*。

可惜，後來這類店鋪到了上世紀七十年代，都被連鎖超級市場及八十年代進駐香港的便利店所取代，辦館的數目越來越少了。

## 今時今日
### 當超級市場滿足了人們的日用所需……

無論士多還是辦館，都可說是超級市場的前身，幾乎所有日用所需及食物都可以在超級市場內找到。雖然，這些大型及網絡超級市場的出現，令辦館的生存空間不斷收窄，但辦館的人情味還是超級市場無可取代的。

*前鋪後居：即房屋的前半部分用來做生意，後半部分用來居住。

44

米鋪

啊？這裏又有一間米鋪，剛才沿途已看到有很多間了啊！

白米是香港人的主要食糧，當年有句話「銀行多過米鋪」，用米鋪來作指標比較，可見米鋪是非常多的。

大頭佛，考考你，你知道白米有哪些種類嗎？

不知道哦。

讓我告訴你吧！白米有很多種類，例如有絲苗、暹羅米、西施米、珍珠米、糯米碎、紅米、大耘米等。

產地也有分本地、澳洲、美國等，還有當年稱為暹羅的泰國。它們的米都各有不同的味道和口感。

各位想要些什麼？我們除了白米外，還有很多貨品啊！
請看——

片糖

鹹蛋

髮菜

雞蛋

皮蛋

蝦米

醃菜

冬菇

腐竹

罐頭

江瑤柱

鹽　糖

醋

鹹魚

腐乳

47

喵！

咦，為什麼會有這麼多貓咪的？

因為當時的米是用大木桶裝着放在門口擺賣的，貨倉是用麻包袋裝米，容易引來老鼠偷食，所以很多米鋪都會養一定數量的貓來捉老鼠。

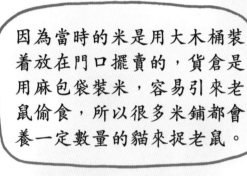

現已很少見到米鋪了，是什麼原因呢？

米鋪像辦館一樣都是被超級市場淘汰了，因為市場競爭大，小本經營的米鋪很難維持利潤。

## 今時今日
### 當農地逐漸長滿荒草……

農業曾經是香港主要產業之一，但後來香港的產業以工業為主，加上發展新界新市鎮，使到農業漸漸沒落，不少農地變成荒地，香港人每天進食的稻米主要靠外地入口。不過，近年政府鼓勵本地農耕，幫助農業走向現代化，希望推動本地復耕。

# 古玩店

嘩！這家店鋪有很多出土文物呀！

因為這間是古玩店，它主要是售賣古董的。

黑白電視機

古老掛鐘

咦？這些也算古董？

是的，因為它們都是上世紀的物件，現在已經很少見到，所以也被當作古董了。

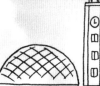

這種店鋪售賣的都是高級的二手貨品和古董，另外還有一些是重製品或仿製品，不是真正的出土文物。

香港的旅遊業以前就已經非常發達，大部分遊客來自歐美國家，他們對中國文化很有興趣，很喜歡購買中國古董。

Upper Lascar Row
摩羅上街

我還知道，以前上環的摩羅上街，以及中、上環的荷里活道一帶，聚集了大大小小的古玩店。

這張木椅很漂亮呀！

是的。這是酸枝木椅，很名貴的呢！

好多貨品啊！
各種各樣的
都有呢！

泰國木雕　字畫　金木　青銅器　留聲機

收音機　佛像　象牙製品　瓷器　相機

手錶　陀錶　玉器　景泰藍

是的。古玩店的貨品種類繁多，例如有瓷器、玉器、銀器、銅器、石雕、木雕、象牙雕和字畫等。此外還有來自西洋\*的留聲機、電器和飾物等。

\*西洋：指歐美國家。這是老一輩廣東人對歐美國家的叫法。

爺爺很熟悉古玩店呀！

沒錯！因為我爸爸以前是經營古玩店的，我的第一份工作就是在古玩店幫忙。

以前的古玩店多數由家族經營，上世紀五十至八十年代非常昌盛。到了九十年代，內地開放，外國遊客可以直接到內地購買古董，香港的古玩店便因此而衰落了。

## 今時今日
## 蓬勃的藝術品市場

香港的古玩店也許變成夕陽行業，但是香港的藝術品市場卻相當興旺，這有賴香港的超低稅率、高效率運輸以及優質服務等因素。此外，國際拍賣龍頭在香港舉行藝術品拍賣會，使到藝術品不斷湧入香港，吸引海外買家紛紛前來香港拍下心頭好，成為推動香港藝術品市場發展的一大助力。

# 紙紮鋪

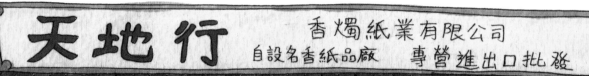

我知道這間店鋪是紙紮鋪，即是賣紙紮祭品的。

這個我也知道。我還知道上一代的本地人信奉道教和佛教的都比現在多，因此以前的紙紮業比較興旺。

這些紙紮品是怎樣製成的呢？

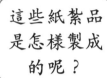

紙紮師傅會先用竹篾紮成骨架，然後按不同需要剪裁出彩色紙，再糊在竹篾上，使祭品外觀上與真實物品相似，就好像我們做勞作一樣。

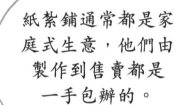

紙紮鋪通常都是家庭式生意，他們由製作到售賣都是一手包辦的。

大屋

傭人

日常用品

電器

衣服

房車

紙紮品有很多種類，例如紙紮衣服、大屋、房車、傭人及日常用品等。價錢會因應紙紮品的複雜程度和大小來定。

明白了。但是紙紮品怎樣才可以傳達給先人呢？

人們一般認為紙紮祭品通過燃燒就可以傳到先人手上。

除了紙紮祭品，紙紮鋪還會有金銀衣紙、香燭、佛像、佛具法器和紙燈籠等出售。

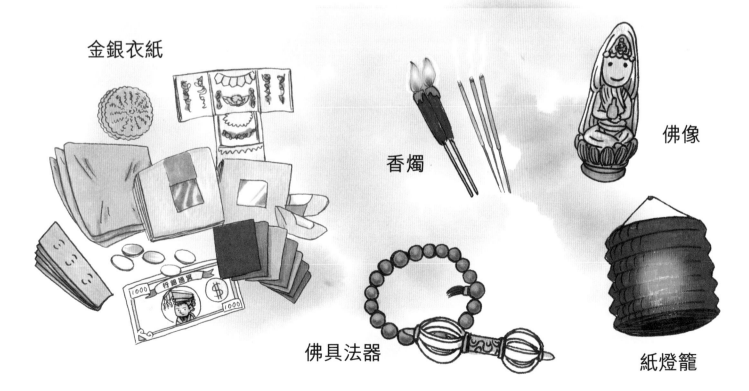

金銀衣紙

香燭

佛像

佛具法器

紙燈籠

59

通常顧客是
什麼時候買
紙紮品的？

清明節、盂蘭節和重陽節是
紙紮行業的旺季，這些節日
很多人來買紙紮品。另外，
有家人和親友去世時，信奉
道教和佛教的人也會購買。

## 今時今日
### 紙紮品也要推陳出新

清明節和盂蘭節時，把紙紮品燒給親人
或孤魂野鬼，反映了人們的孝心與慈悲
心，還有對待亡者仿如其仍然在世的觀
念。紙紮祭品與時並進，仿真的智能手
機、5G產品等紙紮品大行其道，創出
商機。此外在盂蘭勝會出現的大士爺，
還有中秋節一些花燈或傳統燈籠都由人
手紮成。

什麼是當鋪？

當鋪是為客人提供資金周轉的店鋪，但客人需要把私人物品做抵押。客人把物品給當鋪估計價錢，當鋪便把現金借給客人，並發出叫「當票」的收據。

客人要在限期內贖回物品，如果到期後客人仍不贖回物品，當鋪就會把物品變賣來抵償已借給客人的錢。

需要計利息嗎？
利息是怎樣計算的呢？

從前當鋪是這樣計算利息的：抵押品值十元，但實際只借出九元。不過，贖回抵押品的本利和*要十三元，故稱「九出十三歸」。

＊本利和：即本錢和利息加起來的總金額。

# 當鋪分工圖

**遮羞板**

**客人**

**票枱**

負責填寫當票，以及當簿登記等事務的人。生意成交後，一般由朝奉以口唱形式、票枱以聽錄方式進行記錄。

**司理**

即當鋪經理。負責管理當鋪內的財務，例如籌劃資金、增減資本、監督帳目等，是當鋪中職位最高的人，部分由股東或東主*兼任。

＊東主：即老闆。

**朝奉**

俗稱二叔公，在當鋪負責鑑別物品及估計價錢的人。由於櫃枱高，來當物的人要將物品高舉給店員，好像「上朝奉聖」一樣，「朝奉」一詞由此而來。

**後生**

即打雜，指未滿師的學徒。

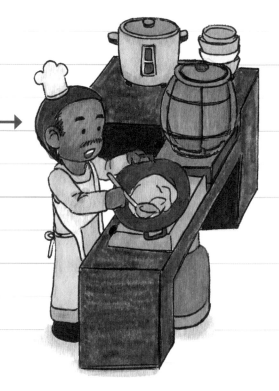

**將軍**

即是「伙頭將軍」，主要負責當鋪內員工的膳食，此外也要協助做當鋪內的其他雜務。

**摺貨**

負責抵押物的包裹、保管及掛竹牌作標記等工作的職員。他們包裹衣服時，一般要求摺疊整齊、捆紮結實，做到小而緊，以節省所佔貨架的面積。

**追瘦貓**

這個職位除了「摺貨」之外，當客人來當物或贖物時，他要把抵押物包好放到貨架，或從貨架取回抵押物交給客人。

當鋪的經營比其他店鋪複雜，他們通常要分工合作。

有什麼物品可以典當呢？

很多物品都可以典當。例如一些名牌手錶、金筆、名牌打火機、首飾等，甚至家庭電器也可以的。

打火機

電視機

墨水筆

風扇

珠寶首飾

爺爺，你以前有典當過物品嗎？

當然有啦！以前的香港人生活相當艱苦，典當物品是非常普遍的事情。現在香港仍有不少當鋪，但已經不像以前那樣興旺了。

## 今時今日

### 當借貸模式變得多元化……

從前，人們資金周轉不靈，首先想到的便是去當鋪。不過，自從上世紀八十年代，香港由製造業轉型為金融業，人們要借貸可以到銀行或財務公司，或者使用信用卡預支消費，借貸模式變得更多元化和方便，當鋪的功能漸漸被取代了。

補衣鋪

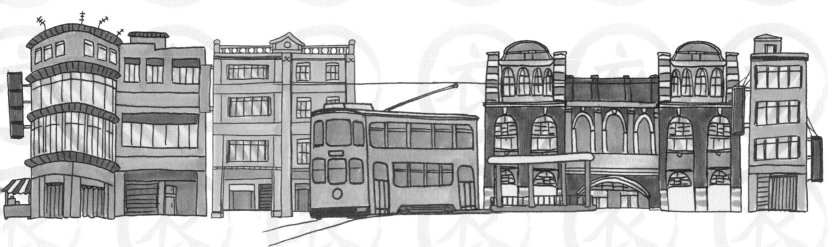

啊？這裏是專門幫人修改衣服的嗎？

沒錯，她們會幫客人修補破損了的衣服，或者是修改尺寸。

衣車

她們的店鋪一般都設有衣車和用來縫邊緣位的鈒骨機。

鈒骨機

此外，店裏還有布匹、鈕扣和刺繡徽章等售賣。客人有需要時，她們可以幫客人縫上鈕扣或徽章。

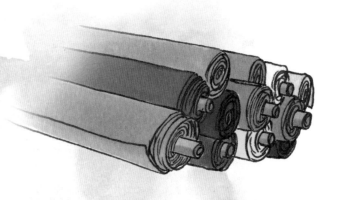

不過，現在人們生活富裕，已經很少人會把舊衣服修補了。而一般的大型連鎖店在售賣衣物時也會有修改尺寸的服務，所以這種店鋪現在已經不多了。

## 今時今日
### 香港製衣業前景

雖然香港大部分製衣廠已北移至中國內地，但在上世紀七、八十年代，製衣業是香港製造業首屈一指的工業。如今，香港的製衣業專注往高增值方向發展，推出高品質、原創設計及自家品牌，務求在激烈的競爭中開拓出一片天地。

# 補鞋鋪

張記皮鞋
CHEUNG KEE SHOES
價廉耐用 男女童款
時尚皮鞋 修鞋造鞋

鞋

羊

補鞋

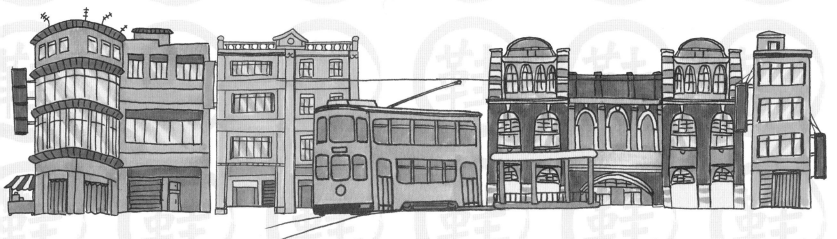

是修補破了洞的鞋？

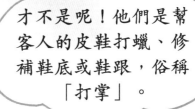

才不是呢！他們是幫客人的皮鞋打蠟、修補鞋底或鞋跟，俗稱「打掌」。

以前經濟不富裕，一般的市民沒錢常買新鞋。如果鞋底或鞋跟損壞了，他們便會到補鞋鋪請鞋匠修補。例如鞋底斷裂，鞋匠會把整塊鞋底換成新的。女士們的高跟鞋，鞋跟非常容易磨爛或磨蝕，鞋匠便會替她們換上新的鞋跟。

部分鞋匠除了修補皮鞋外，還會用人手來製造皮鞋，由紙樣、剪裁皮料及穿線都一手包辦。現在的皮鞋都是由機器製造的。

客人收到度身訂做的皮鞋一定非常開心。

鞋抽

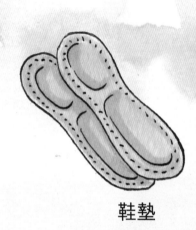

鞋墊

鞋刷

鞋油

那當然了。除了補鞋之外，補鞋鋪通常還會售賣鞋墊、鞋抽和鞋油等附帶產品。

## 今時今日

### 當造鞋業已式微……

從前，不少來自上海的皮鞋製造師傅移居至香港，促使香港的手工製鞋業發展起來。不過，因為大部分鞋履生產商已搬遷至中國內地，並採用機械化大量生產。現在在香港已經幾乎找不到造鞋師傅了。

## 磨鉸剪劏刀、擦鞋檔

磨刀

鄧伯伯，他們
在叫賣什麼？

一位是替客人磨剟
剪劃刀，另一位是
替客人擦鞋的。

他們沒有店鋪的嗎？

沒有的，他們會到處走，哪裏有人需要就在哪裏營業，是街頭小販的一種。

雖然沒有固定的店鋪，但是他們的經營已很悠久了。

磨鉸剪劖刀~

叔叔，請問什麼是磨鉸剪劖刀？

當大家的刀或鉸剪用舊了，刀口就會變鈍，甚至刀鋒有缺口，我便可以把它們磨得鋒利。

用舊了的刀

你們看，我這裏有一些工具，例如磨刀棒、磨刀石等。

用什麼來磨呢？

磨刀石

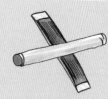
磨刀棒

打磨過的刀就像新的一樣啊！你們一般到什麼地方擺檔呢？

我們會到不同的地方擺檔，住宅區是我們常到的地方。

以前家庭用的菜刀都是人手製造的，售價較昂貴，很多人用舊了都會把刀翻新。現在的刀都是機器大量生產的，售價較便宜，如果用舊了，大家都會買新的刀，所以磨刀行業已式微了。

那麼擦鞋的師傅呢？你是怎樣經營的？

我們每天都會替客人擦鞋，客人的皮鞋穿舊了或髒了，只要給我擦一擦就能像新的一樣。

擦鞋需要用什麼工具呢？

鞋蠟、鞋刷、鞋油和布，這些都是我們常用的擦鞋工具。

鞋蠟

鞋刷

鞋油

布

客人的皮鞋穿舊了，只要把鞋放到木箱上，再給我擦一擦，馬上就會變成新的一樣。

擦鞋的步驟：

 ➡  ➡  ➡

擦鞋曾經是一個流行的行業，在上世紀四十年代開始漸漸成為一門街頭行業，中環和尖沙咀都滿布擦鞋的攤檔，甚至有小童做擦鞋師幫補生計。其後香港工業興起，經濟和民生都有了很大的改變，人們的物質生活富裕了，擦鞋行業便日漸式微。

## 今時今日
### 香港的服務業發展

上世紀五、六十年代，香港經濟尚未起飛，人們對物品甚為愛惜。現今香港社會物質富庶，人們捨得消費添置新品。加上全球進入AI智能世代，服務業也迎來新局面，講求融合創意、科技、個性化的高增值服務，一些傳統的服務業便隨之式微。

## 老店新貌

傳統老店鋪發展到現在，有的已經結業，有的雖然還存在，但無論裝潢，或者是銷售的產品，都或多或少的改變了。

請看看這些照片，說說老店鋪有哪些變化吧！

洋服店

裙褂鋪

涼茶鋪

冰室

蛇鋪

雨傘店

辦館

米鋪

圖片來源：Edonalds / dreamstime.com

古玩店

紙紮鋪

當鋪

補衣鋪

補鞋鋪

擦鞋檔

磨鉸剪劏刀
的工具

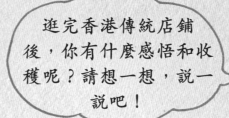

逛完香港傳統店鋪後，你有什麼感悟和收穫呢？請想一想，說一說吧！

1. 本書介紹的店鋪中，你最想去看看的是哪一間？為什麼？

2. 有哪些老店是你看過或到過的？你對它們有什麼印象？

3. 現在大部分人都選購由機器大量製造的、價錢便宜的衣服，你認為度身訂做的服裝還有優勢嗎？

4. 現在的涼茶鋪和以前的有什麼不同？為什麼有這種變化？如果由你來開涼茶鋪，你會增加一些什麼元素來吸引更多顧客？

5. 辦館、米鋪都是因為超級市場和便利店的出現而越來越少了。你認為這些老店可以完全被超級市場和便利店取代嗎？

6. 請到紙紮鋪看看，再猜猜哪些紙紮品是現在有，古代沒有的？從這些紙紮品的變化，你可以感覺到什麼呢？

7. 為什麼現在香港的當鋪比以前大大減少呢？

8. 上街時請留意看一看，現在香港還有哪些地方可以見到補鞋或補衣的地方？另外，以前衣服有破洞是窮困所造成，但現在衣服有破洞卻是時髦，對此現象你怎麼看？請說一說。

9. 許多老店都日漸式微，你認為哪種老店面臨着最大的消失危機？你能想出什麼方法去幫助這些店鋪嗎？

10. 如果由你來開店鋪，你最想開設什麼店鋪？為什麼？

請掃描左面的二維碼，下載及列印你想製作的店鋪。

**1**  把店鋪、物件和地板沿實線小心剪出來。

**2**  把圖案紙上有虛線的位置屈曲。

**3**  把部分物件，例如招牌圖案插在店鋪的圖案上。

**4**  把店鋪、物件的圖案插在地板上。

**5**  插入後，在地板的背面貼上透明膠紙，以穩固店鋪的位置。

**6**  一間立體店鋪完成了。你還可以列印數張街道圖像，拼貼起來，在上面放店鋪，設計成你的「理想的商業街」。

## 後記

　　西營盤區出生的我，當年的家也被傳統的店鋪和唐樓包圍着，街道上都充滿一股鹹魚的氣味。而在假日我都會到外公在上環的古玩店玩耍，摩羅街口的長樓梯、大街兩旁的地攤、冰室的滾水蛋、遊客的歡笑聲，這些都十分令人懷念。

　　在這個不斷建設的城市裏，繁華背後，卻有很多歷史、文化和古跡成為犧牲品，眼看着自己生活中的許多東西隨着重建、加租而漸漸消失，我覺得必須要把這些富有歷史價值的文化遺產教育下一代，令孩子們從小真正認識自己出生的地方，他們才會懂得愛香港。

作者簡介

# 鄧子健

　　1980 年生於香港，2006 年成立藝術團體香港創意藝術會並出任會長至今，韓國文化藝術研究會營運幹事，韓中日文化協力委員會成員，香港青年藝術創作協會主席，Brother System Studio Co. 總監。

　　畢業於英國新特蘭大學平面設計系榮譽學士，香港大一藝術設計學院電腦插圖高級文憑課程，香港中文大學專業進修學院幼兒活動導師文憑。曾於韓國及中國多個地區，包括台灣、澳門、香港舉行個人畫展。

　　撰寫和繪畫作品包括：《中華傳統節日圖解小百科》系列、《香港傳統習俗故事》系列、《世界奇趣節慶》系列和《漫遊世界文化遺產》；繪畫作品包括：《五感識香港》和《橋相連，心相接：給孩子的香港故事》。